VERLAG VON JULIUS SPRINGER IN BERLIN N.

Soeben erschien:

CHEMIKER-KALENDER
1882.

Herausgegeben

von

DR. RUD. BIEDERMANN.

Dritter Jahrgang.

In zwei Theilen.

I. Theil geb. in Leinwand, — **II. Theil** geh. Preis zusammen **4 Mk.**
I. Th. geb. in Leder, — **II.** geh. Preis zusammen **4,50 Mk.**
Preis eines jeden Theiles apart **2,50** (des I. Th. in Leder apart **3 Mk.**)

Für diesen neuen (III.) Jahrgang sind die dem Herausgeber von einer Reihe wissenschaftlicher und praktischer Berufsgenossen zugegangenen Mittheilungen bestens berücksichtigt worden, so dass der vorliegende Jahrgang allen Ansprüchen, welche an das schnell beliebt gewordene und stets weitere Verbreitung findende Unternehmen gestellt werden können, gerecht wird.

Die Verlagshandlung hat auf eine gute und gefällige Ausstattung des Chemiker-Kalenders erneute Sorgfalt verwandt und giebt sich der zuverlässigen Hoffnung hin, dass derselbe auch in seinem neuen Jahrgang seine Nützlichkeit bewahren, sich das Wohlwollen der bisherigen Freunde erhalten und neue gewinnen wird.

Bestellungen auf **Dr. BIEDERMANN's Chemiker-Kalender** nimmt jede Buchhandlung entgegen.

ANALYTISCHES HÜLFSBUCH

FÜR DIE

PHYSIOLOGISCH-CHEMISCHEN ÜBUNGEN

DER

MEDICINER UND PHARMACEUTEN

IN TABELLENFORM

VON

TH. WEYL,

DR. MED. UND PRIVATDOCENT AN DER UNIVERSITÄT ERLANGEN.

SPRINGER-VERLAG BERLIN HEIDELBERG GMBH 1882

ISBN 978-3-662-38635-4 ISBN 978-3-662-39491-5 (eBook)
DOI 10.1007/978-3-662-39491-5

Uebersetzungsrecht vorbehalten.
Additional material to this book can be downloaded from http://extras.springer.com

Ich wünschte mit nachfolgenden Tabellen angehenden Medicinern und Pharmaceuten bei ihren ersten chemischen Uebungen ein kurzes und übersichtlich geordnetes Hülfsbuch zu bieten, dass sie auch ohne fortwährende Intervention des Lehrers in den Stand setzt alle diejenigen Stoffe ohne grosse Mühe und ohne eingehende chemische Schulung aufzufinden, welche im Organismus in grösserer Menge vorkommen oder demselben am häufigsten als Arzneimittel zugeführt werden.

Dieses **Hülfsbuch** soll und kann natürlich ein umfangreiches **Handbuch** der zoochemischen Analyse — vor allem dasjenige **Hoppe-Seylers** — nicht ersetzen. Vielleicht ist es aber geeignet, den Anfänger auf den Gebrauch jenes ausführlicheren Handbuches vorzubereiten, welches, wie ich einst selbst erfuhr, wegen der grossen Menge der in ihm gebotenen Facten die Fassungskraft auch des denkenden Anfängers bisweilen auf eine allzu scharfe Probe stellt. — Der Natur der Sache nach werden nur diejenigen qualitativen Untersuchungsmethoden berücksichtigt, welche ohne complicirte Apparate in wenig Stunden genügend zuverlässige Resultate versprechen.

Die Begrenzung des Stoffes war durch den Umstand gegeben, dass die Mehrzahl aller Mediciner den chemisch-physiologischen Uebungen, über deren Erfolg bisher kein Examinator Rechenschaft verlangt, nur wenige Stunden **eines** Semesters zu opfern pflegt.

Und so empfehle ich denn diesen ersten Versuch einer synoptischen Darstellung physiologisch-chemischer Untersuchungsmethoden dem Wohlwollen der Fachgenossen.

Der Verlagsbuchhandlung meinen Dank für die zweckentsprechende Ausstattung.

ERLANGEN, October 1881.

Der Verfasser.

INHALT.

			Seite
Tab.	1.	Unterscheidung organischer von anorganischen Stoffen	1
„	2.	Vorprüfung anorganischer Stoffe	2
„	3.	Die wichtigsten Reactionen der im Gange der qualitativen Analyse berücksichtigten Körper	3
„	4.	Anorganische Säuren	8
„	5.	Gang der qualitativen Analyse und Gruppe 1	9
„	6.	Niederschlag durch Schwefelwasserstoff in salzsaurer Lösung (Gruppe II)	12
„	7.	Niederschlag durch Ammoniak und Schwefelammon (Gr. III).	13
„	8.	„ „ „ „ kohlensaures Ammon (Gr. IV) und Nachweis von Mg, K, Na, NH^3 (Gr. V)	13
„	9.	Analyse der Asche thierischer Gewebe und Flüssigkeiten	14
„	10.	Nachweis der Elementarbestandtheile organischer Körper (Qualitative Elementaranalyse)	15
„	11.	Stoffe, welche im Harne durch einfache Reactionen (direct) nachweisbar sind	16
„	12.	Darstellung der wichtigsten organischen Harnbestandtheile	19
„	13	Sedimente und Concremente des Harns	20
„	14.	Analyse der Milch	22
„	15.	Analyse des Blutes	23
„	16.	Analyse der Muskeln	24
„	17.	Analyse der Galle	25
„	18.	Gallenconcremente	26
„	19.	Analyse der Transsudate	26
„	20.	Analyse des Trinkwassers	27
„	21.	Spectralanalyse	Tafel

Tab. 1.

Unterscheidung organischer von anorganischen Stoffen.

Organische Stoffe auf Platin-Blech allmälig bis zum Glühen erhitzt hinterlassen schwarze Kohle, welche sich bei längerem Erhitzen verflüchtigt. (Auch Ammoniaksalze sind flüchtig [Tab. 2]. Flüchtige organische Säuren und Oxalsäure hinterlassen beim Glühen keine Kohle).

Anorganische Stoffe auf Platin-Blech allmälig bis zum Glühen erhitzt hinterlassen keine Kohle, verflüchtigen sich nicht. (Ausnahme: Ammoniaksalze, Arsen-Verbindungen, Schwefel und seine Säuren).

Gemisch organischer und anorganischer Stoffe giebt beim Erhitzen auf Platin-Blech schwarze Kohle, welche sich bei stärkerem Glühen verflüchtigt, und unveränderlichen festen Rückstand.

Tab. 2.

Vorprüfung anorganischer Stoffe.

Für die Vorprüfung müssen die Substanzen trocken und möglichst fein gepulvert sein. — Das Löthrohr lässt sich in fast allen hier in Betracht kommenden Fällen durch den Bunsen-Brenner ersetzen. — Die Perlen sind zu betrachten, so lange sie heiss sind und nach dem Erkalten.

Leicht flüchtig beim Erhitzen auf Kohle oder Platin-Blech sind	Wasser; Ammoniak-, Quecksilber-, einige Arsen-Verbindungen. Schwefel und seine Säuren.
Es verpuffen oder decrepitiren beim Glühen auf Kohle oder Platin	Kochsalz, salpetersaure Salze.
Vor dem Löthrohr unschmelzbar od. schwer schmelzbar	Alkalische Erden und ihre Salze, Kieselerde und viele Silicate, viele Metalle z. B. Eisen.
Mit Soda oder Soda und Cyankalium in d. leuchtenden (Reductions-) Flamme des Bunsen-Brenners auf Kohle geglüht geben	a) **Knoblauch-Geruch**: Fast alle Arsen-Verbindungen. b) **Hepar, d. h. Schwefelmetall**, alle Schwefel-Verbindungen. Säuren scheiden aus der Masse Schwefelwasserstoff (Tab. 4) ab. Hepar mit Wasser auf Silbermünze zerrieben, schwärzt dieselbe.
Beim Erhitzen in einer beiderseits offen. Glasröhre geben	a) **Riechende Gase**. 1. Knoblauch-Geruch: Arsenmetalle. — 2. Geruch nach Ammoniak: viele Ammoniak-Verbindungen. Weiterer Nachweis von Ammoniak durch Bläuung eines angefeuchteten rothen Lakmus-Papiers. b) **Metallischen Anflug**: Quecksilber- und Arsen-Verbindungen. c) **Weissen Anflug**: Arsen, Salmiak und andere Ammoniak-Verbindungen.
Es färben die nicht leuchtende (Oxydations-) Flamme des Bunsenschen Brenners.	a) **gelb**: Natrium. b) **violett**: Kalium, wenn mit viel Natrium zusammen vorkommend, ist die Flamme durch ein Kobaltglas zu betrachten. c) **carminroth**: Lithion (Pflanzenasche). d) **bläulich**: Arsen, weisser Rauch. e) **gelbgrün**: freie Borsäure oder mit nicht zu wenig concentr. Schwefelsäure versetzte borsaure Salze. Namentlich bei Gegenwart v. Alkohol.
Mit Phosphorsalz (Natriumammoniumphosphat) oder mit Borax geben auf Platin-Draht in der Oxydations- und Reductionsflamme	a) **farblose Perle**: Kieselerde (Kieselscelett). b) **gelbbraune oder röthliche Perle**: Eisenoxyd. c) **amethystartige Perle**: beim Erkalten: Manganoxyd (nicht in der Reductionsflamme). d) **blaue Perle**: beim Erkalten: Kupferoxyd (nur in der Oxydationsflamme). e) **gelbgrüne Perle**: Chromoxyd.

Tab. 3.

Die wichtigsten Reactionen der im Gange der qualitativen Analyse

(Tab. 5—8) **berücksichtigten Körper.**

Tab. 3.

	Ammoniak	Natronlauge	Schwefelsäure	Oxalsaures Ammoniak	Natriumphosphat
Kaliumnitrat	— Urspr. Lsg. m. Platinchlorid **gelben kryst. Nd.** (K^2PtCl^6) unlöslich in Alkohol.	— Urspr. Lsg. mit **Weinsäure weissen Nd.** von saurem weinsaurem Kalium, schw. löslich in kaltem Wasser.	— Urspr. Lsg. giebt **violette Flamme.**	—	—
Natriumchlorid	— Urspr. Lsg. giebt **gelbe Flamme.**	—	—	—	—
Ammoniak oder **Ammon. Salz**	— Urspr. Lsg. m. Natronlauge gekocht giebt Geruch nach Ammoniak und Bläuung von rothem Lakmus-Papier.	— Urspr. Lsg. mit **Platinchlorid gelben Nd.** ($PtCl^2 2NH^4Cl$). Schwer lösl. in kaltem Wasser, unlöslich in Alkohol.	—	—	—
Bariumchlorid	—	—	$BaSO^4$: **weisser Nd.**, unlöslich in Wasser, Säuren und Alkalien.	—	vergl. Phosphors. Tab. 4.
Calciumsulphat	—	—	$CaSO^4$: in concentr. Lösung **weisser Nd.**, lösl. in viel Wasser.	$(COO)^2Ca$: **weisser Nd.**, unlösl. in Ammon., in Essigs. Lösl. in Salzsäure.	—
Magnesiumsulphat	—	—	—	—	$MgNH^4PO^4$: **weisser Nd.** (Tripelphosphat), unlösl. in Wasser, Ammon. Lösl. in Essigsäure.
Thonerde (Alaun)	$Al^2(OH)^6$ Thonerdehydrat, **weisser Nd.**, schwer lösl. im Ueberschuss des Fällungsmittels.	Wie Ammoniak. Aber im Ueberschuss v. Natronlauge lösl.	—	—	**Voluminöser Nd.** Phosphorsaure Thonerde, unlösl. in Essigs.
Chromsaures Kali	—	—	—	—	—
Zinksulphat	$Zn(OH)^2$ **weisser gallertiger Nd.**, im Ueberschuss des Fällungsmittels löslich.	Wie Ammoniak.	—	—	—
Manganoxydulsulphat	Manganoxydulhydrat: **weisslicher, bald braun werdender Nd.**	Wie Ammoniak.	—	—	—

Tab. 3 (Fortsetzung).

Kohlensaures Ammon	Schwefelwasserstoff	Schwefelammonium	Ferrocyankalium	Salzsäure	Silbernitrat
—	—	—	—	—	—
—	—	—	—	—	vergl. Salzsäure Tab. 4.
—	—	—	—	Salmiak-Nebel.	—
—	—	—	—	—	vergl. Salzsäure Tab. 4.
—	—	—	—	—	—
Farbloser Nd., v. basisch kohlens. Magnesia, etwas löslich im Uebersch. des Fällungsmittels.	—	—	—	—	—
—	—	—	—	—	—
—	Grünliche, durch Schwefelmilchige Lösung v. Chromoxyd.	Beim Kochen grüner Nd. von $Cr^2(OH)^6$.	—	Rothe Lösung v. Bichromat.	Rother Nd. von chroms. Silber, lösl. in Ammon. u. in Salpeters.
Weisser Nd. von basisch kohlens. Zink, im Ueberschuss des Fällungsmittels löslich.	Aus alkal. oder essigs. Lösung weisser Nd. von ZnS, unlösl. in Essigs., lösl. in Salzsäure.	Aus neutraler Lösung weisser Nd. v. ZnS, unlösl. in Essigs.	Weisser Nd. von Ferrocyanzink, unlösl. in Salzs.	—	—
—	—	Aus neutr. Lösg. fleischrother Nd. von MnS, lösl. in Essigs., Salzsäure etc.	—	—	—

Tab. 3 (Fortsetzung).

	Ammoniak	Natronlauge	Schwefelsäure	Oxalsaures Ammoniak	Natriumphosphat
Ferrosulphat (Oxydul)	Eisenoxydulhydrat: farbloser, dann grün, später rothbraun werdender Nd.	Wie Ammoniak.	—	—	—
Ferrichlorid (Oxyd)	Eisenoxydhydrat: rothbrauner Nd., unlösl. im Uebersch. d. Fällungsmittels.	Wie Ammoniak.		—	Aus neutr. oder essigs. Lösung gelblich-weisser Nd. v. phosphorsaur. Eisenoxyd, unlösl. in Essigs.
Silbernitrat (Höllenstein)	Aus neutr. Lsg. brauner Nd. (Silberoxyd), lösl. im Uebersch. v. Ammon.	Wie Ammon. Aber Nd. unlösl. im Ueberschuss v. Natronlauge.		—	Aus neutraler Lösg. gelbbrauner Nd.: Silberphosphat, löslich in Ammon. und in Salpetersäure.
Mercuronitrat (Oxydul)	Schwarzer Nd.	Schwarzer Nd. v. Quecksilberoxydul.	—	—	—
Mercurichlorid (Oxyd)	Weisser Nd.	Gelber Nd. von Quecksilberoxyd.	—	—	—
Bleinitrat	Weisser Nd., unlösl. in Ammon., lösl. in Natronlauge.	Wie Ammoniak.	Weisser Nd. von schwefels. Blei.	—	—
Kupfersulphat	Weisser Nd., lösl. in viel Ammon., mit lasurblauer Farbe.	Hellblauer voluminöser Nd. von Kupferoxydhydrat.	—	—	—
Wismuthnitrat	Weisser Nd., unlösl. im Ueberschuss des Fällungsmittels.	Wie Ammoniak.	—	—	—
Arsenige Säure	—	—	—	—	—
Arsen-Säure	—	—	—	—	—

Tab. 3 (Fortsetzung).

Kohlensaures Ammon	Schwefelwasserstoff	Schwefelammonium	Ferrocyankalium	Salzsäure	Silbernitrat
—	Nur aus alkal. Lösg. schwarzes Schwefeleisen.	Aus neutr. Lsg. wie Schwefelwasserstoff.	Bläulich-weisser Nd., der an der Luft schnell blau wird.	— Urspr. Lsg. giebt m. Rhodankalium und mit Gerbsäure keine Veränderung.	—
—	Milchige Trübung durch Schwefelausscheidung.	Schwarzer Nd. v. Schwefeleisen.	Blauer Nd. von Berliner Blau.	— Urspr. Lsg. m. Rhodankalium + Salzs. rothe Färbung.	— Urspr. Lsg. mit Gerbsäure: Tinte.
—	Schwarzer Nd. v. Schwefelsilber, lösl. in kochend. Salpetersäure.	Wie Schwefelwasserstoff.	—	Weisser käsiger Nd. von Chlorsilber, löslich in Ammon., unlösl. in Salpetersäure.	—
—	Schwarzer Nd. v. Schwefelquecksilber, löslich in Königswasser.	Wie Schwefelwasserstoff.	—	Weisser Nd. von Quecksilberchlorür (Calomel).	— Urspr. Lsg. giebt mit Zinnchlorür einen grauen Nd. von metallischem Quecksilber.
—	Weisser, gelber oder braunrother Nd. v. Schwefelquecksilber, je nach der Menge des zugesetzten Schwefelwasserstoffs.	Wie Schwefelwasserstoff.	—	Kein Niederschlag.	— Urspr. Lsg. giebt mit Zinnchlorür einen erst weissen, dann grauen Nd. (met. Quecksilber).
—	Schwarzer Nd. v. Schwefelblei, lösl. in kochender Salpeters.	Wie Schwefelwasserstoff.	—	Weisser Nd. von Chlorblei, lösl. in viel heissem Wasser.	—
—	Braunschwarzer Nd. v. Schwefelkupfer, lösl. in Cyankalium.	Wie Schwefelwasserstoff.	Rothbrauner (kapuzinerbrauner) Nd. von Ferrocyankupfer.	—	—
Weisser Nd. von basisch kohlens. Wismuth, unlösl. in viel kohlens. Ammon.	Schwarzer Nd. v. Schwefelwismuth, löslich in Cyankalium u. in kochender Salpetersäure.	Wie Schwefelwasserstoff.	—	— Die ursprüngl. event. m. Salmiak versetzte Lsg. giebt mit viel Wasser reichl. Nd.	—
—	Bei Gegenwart von Salzsäure gelber Nd. von Schwefelarsen, lösl. in Schwefelammon.	Kein Nd., siehe Schwefelwasserstoff.	—	—	In ammoniakal. Lsg. gelber Nd. von arsenigs. Silber, lösl. in Salpeters. Die ammoniak. Lsg. scheidet beim Kochen metall. Silber ab.
—	In saurer Lsg. zuerst Schwefelabscheidung, dann glb. Nd. v. Schwefelarsen, lösl. in Schwefelammon.	Kein Nd., siehe Schwefelwasserstoff.	—	—	In ammoniakal Lsg. rothbrauner Nd. von arsens. Silber, lösl. in Salpeters. Die ammoniak. Lsg. scheidet beim Kochen kein metall. Silber ab.

Tab. 4.

Anorganische Säuren.

Die Säuren finden sich in den thierischen Organen und Flüssigkeiten meist als Salze. — Concremente und Aschen (Tab. 9, 13 und 18), welche in Wasser unlöslich sind, werden in Salzsäure gelöst. In der salzsauren Lösung darf nicht auf Salzsäure geprüft werden.

	Baryumchlorid.	Silbernitrat.
Chlorwasserstoffsäure (Salzsäure)	—	Nach Zusatz von wenig Salpeters. **weisser Nd.** von Chlorsilber, lösl. in Ammon. Auf Zusatz von Salpeters. bis zur saur. React. wieder erscheinend.
Jodwasserstoffsäure	— Ursprgl. Lösg. mit **salpetrigsaurem Kali + Schwefelsäure : braune Lösung**, welche Stärkekleister bläut. Das abgeschiedene Jod färbt Chloroform violet.	Nach Zusatz von wenig Salpeters. **gelber Nd.** von Jodsilber, schwer löslich in Ammon., leicht löslich in Cyankalium.
Bromwasserstoffsäure	— Ursprgl. Lösung mit **Chlorwasser**: braune Lösg., welche Chloroform braun färbt.	Nach Zusatz von wenig Salpeters. **gelblich-weisser Nd.** von Bromsilber.
Schwefelwasserstoff	— Ursprgl. Lösg. mit Natronlauge + Tropfen **Nitroprussidnatrium**: **rothviolette Lösg.**	**Schwarzer Nd.** von Schwefelsilber, lösl. in warmer conctr. Salpetersäure, unlöslich in Schwefelammon.
Salpetrige Säure	— Ursprgl. Lösg. mit **Stärkekleister + Jodkalium** + sehr verd. Schwefels. versetzt: blaue Lösung von Jodamylum. Beim Erhitzen farblos, in der Kälte wieder blau.	**Weisser Nd.** von salpetrigs. Silber nach Zusatz von Natronlauge bis zur schwach alkal. Reaction. Nd. in viel Wasser, besonders beim Erwärmen löslich.
Salpetersäure	— Ursprgl. Lösg. mit gleichem Volum von Brucin in concentr. Schwefelsäure: **rothe Lösung.**	— Urspr. Lösg. m. gleichem Volum conctr. **Schwefelsäure** u. nach dem Erkalten mit conctr. Lösung von **Eisenvitriol** versetzt: **braunrother** Ring an der Berührungsschicht der Flüssigkeiten.
Schwefelsäure	Nach Zusatz von wenig Salzsäure **weisser Nd.**: schwefels. Baryt, unlösl. in Wasser, Säuren und Alkalien.	—
Phosphorsäure	In neutraler Lösung: **weisser Nd.** von **phosphors. Baryt**, unlösl in Ammon., löslich in Essigs., Salzsäure — Urspr. Lösung mit **Salmiak + Ammoniak + Magnesiumsulphat: weisser Nd.**: löslich in Essigsäure.	In neutraler Lösung: **hellgelber Nd.** von phosphors. Silber: löslich in Ammon. und in Salpeters. Vgl. Chlorwasserstoffsäure.
Kohlensäure (Anhydrid)	**Weisser Nd.** (bisweilen erst b. Kochen) von **kohlens. Baryt**, lösl. unter Aufbrausen in Salzsäure. — Ursprgl. Lösung + Salzsäure: Aufbrausen.	—
Kieselsäure (Anhydrid)	— Auf Zusatz verd. **Salzsäure**, event. erst beim Abdampfen: **Gallert**, welche in heisser Sodalösung löslich ist.	—

Tab. 5.

Gang der qualitativen Analyse und Gruppe I.

Die fein gepulverten Substanzen werden im Kölbchen erst mit kaltem Wasser übergossen, dann eventuell damit gekocht. Bisweilen tritt erst bei Zusatz von Salzsäure totale oder partielle Lösung ein. Die filtrirte Lösung wird nach den Tabellen **5**—**8** untersucht. Ein eventueller Rückstand wird gesondert untersucht, z. B. nach Tab. **5** Gruppe I. Man verwende nur ca. $^3/_4$ der zu Gebote stehenden Substanz für die Untersuchung. Der Rest dient als Reserve und zur Feststellung der Oxydationsstufe (Tab. **3** u. **6**).

Bevor man der Flüssigkeit irgend ein **Gruppen-Reagens** [HCl, H^2S+HCl, $NH^3+(NH^4)^2S$, $NH^3+(NH^4)^2CO^3$] zufügt, prüfe man erst an einem Theile der Lösung, ob man überhaupt durch ein Reagens eine Fällung erhält.

Tab. 5.

Die Lösung mit **Salzsäure** versetzt

Niederschlag = Gruppe I | Filtrat = Gru

AgCl,	PbCl^2,	Hg^{2}Cl^2,	SiO^2
\multicolumn{3}{weisser Nd. mit Wasser gekocht}	weisser gallertiger Nd. nur wenn urspr. Lösg. alkal. reagirte; vergl. Tab. **4**.
Lösung	Rückstand	mit Ammon. bis zur alkal Reaction	
PbCl^2 in zwei Portionen	mit Ammon. bis zur alkal Reaction schwarz. Nd. **Mercuroammoniumchlorid** NH^{2}ClH^2 **Quecksilber**	farblose Lsg. **Chlorsilber** m. Salpeters. bis zur sauren Reaction AgCl weisser käsiger Nd.	***Kieselsäure**.
a) m. H^{2}SO^4 PbSO^4 weisser Nd.			
b) chroms. Kali PbCrO^4 gelber Nd.			

Quecksilber, Blei, Wismu

Eisen, Mangan, Chrom,

Barium, Calcium,

Kalium, Natriu

mit **Schwefelwas**

Niederschlag = Gruppe II (Tab. **6**)

HgS, PbS, Bi^{2}S^3, CuS.	As^{2}S^3 *)
*) Schwefelabscheidung durch Reduction von Eisenoxyd zu Oxydul, Chromxyd zu Oxydul etc.	

Eise

mit

Niederschlag = Gruppe III (Tab. **7**)

| FeS, MnS, ZnS. | Al^2(OH)^6, Cr^2(OH)^6 |

Niederschlag = Gruppe IV (Tab. **8**

| BaCO^3, CaCO^3 |

Tab. 5.

Arsen.

inium, Zink.

esium.

ak.

rsetzt

rat = Gruppe III — V

Zink.   Alluminium, Chrom.
alcium.   Magnesium.
, Natrium, Ammonium.

mon. und Ammoniak versetzt

Filtrat = Gruppe IV—V

Baryum, Calcium.   Magnesium.
Kalium, Natrium, Ammoniak.

mit **kohlensaurem Ammoniak** versetzt

Filtrat = Gruppe V (Tab. **8**)

Magnesium, Kalium, Natrium, Ammoniak.

Tab. 6.

Niederschlag durch Schwefelwasserstoff in salzsaurer Lösung.

(Gruppe II.)

Der durch Schwefelwasserstoff in salzsaurer Lösung erhaltene Niederschlag wird ausgewaschen. Eine Probe desselben mit Schwefelammon auf dem Filter behandelt. (Wird ein Theil des Nd. durch Schwefelammon gelöst, so übergiesst man den ganzen durch H^2S erhaltenen Niederschlag mit Schwefelammon).

A. Lösung in Schwefelammon:

mit Schwefelsäure versetzt:
a) weisser, milchiger Nd.: **Schwefel.**
b) gelber Nd.: **Arsen** in rauchend. Salpetersäure gelöst. Lösung in 3 Theile.

1. Portion: Mit Ammon neutralisirt, mit $AgNO^3$. rothbrauner Nd. (Ag^3AsO^4) löslich in NH^3.
2. Portion: Mit NH^3 bis zur alkal. React. versetzt, dann mit Salmiak und Magnesiumsulphat: Nd. von arsens. Ammoniak-Magnesia. Nd. in HCl. gelöst, mit H^2S gelb Nd. von Schwefelarsen.
3. Portion: Im Apparat von Marsh untersucht.

B. In Schwefelammon unlöslich:

Nd. ausgewaschen, mit heisser conctr. Salpeters. behandelt.

Rückstand **HgS** in Königswasser gelöst mit Zinnchlorür erst weisser, dann grauer Nd. von metall. **Quecksilber.**

Lösung: PbS, Bi^2S^3, CuS

mit Schwefelsäure versetzt:

Nd. schwefels. Blei **PbSO⁴** Durch H^2S schwarzes Schwefelblei.

Lösung: Bi, Cu mit viel Ammoniak versetzt.

Nd. weiss **Bi(OH)³**

Filtrat blau: **Cu** mit Säuren versetzt farblos, mit Ferrocyankal.: rothbrauner Nd.

Anmerkung. Um zu erfahren, ob das Arsen in der ursprüngl. Lösung als arsenige oder als Arsen-Säure vorhanden war, vergl. Tab. 8, Seite 6, nach welcher die betr. React. mit der ursprüngl. Lösung anzustellen sind.

Tab. 7.

Niederschlag durch Ammoniak und Schwefelammon. (Gruppe III.)

Filtrat des durch H^2S erhaltenen Nd. mit Ammon. übersättigt, dann mit Schwefelammon versetzt und erwärmt. Der abfiltrirte Nd. ausgewaschen, mit warmer verd. HCl übergossen.

Lösung mit Natronlauge gekocht:

A. Nd. durch Natronlauge

mit Soda u. Salpeter auf Platinblech geschmolzen, in warmem Wasser gelöst.

1. Rückstand: **Fe*** in HCl gelöst, mit Ferrocyankal. blauer Nd. v. Berlinerblau.

2. Lösung in zwei Portionen getheilt:
   a) mit Bleinitrat: gelber Nd. von $PbCrO^4$: **Chrom.**
   b) grüne Lösung von mangansaurem Natron (Na^2MnO^4). Diese Lösung giebt m. Salzsäure eine violette Lösung u. einen braunen Nd.

B. Lösung in Natronlauge

in zwei Portionen getheilt:

a) mit Salmiaklösg. erwärmt: weisser Nd. $Al^2(OH)^6$, **Thonerde**, lösl. in Säuren.

b) mit H^2S weisser Nd.: **ZnS**, unlösl. in Essigs., löslich in HCl.

* Ob die ursprüngl. Lösung Eisenoxyd oder Eisenoxydul enthielt, ermittelt man durch Prüfung dieser nach Tab. 3. Seite 6.

Tab. 8.

Niederschlag durch Ammoniak und kohlensaures Ammon (Gruppe IV) und Nachweis von Mg, K, Na, NH^3 (Gruppe V).

Filtrat des durch Ammon und Schwefelammon erhaltenen Nd. bis zum Verschwinden des Geruches nach Schwefelammon gekocht, mit Ammon und kohlensaurem Ammon versetzt und filtrirt.

A. Nd. durch kohlens. Ammon

auf d. Filter in wenig HCl gelöst.

Lösung in 2 Portionen:

a) mit überschüssiger verd. Schwefelsäure weisser Nd., unlösl. in viel Wasser, Säuren und Alkal., $BaSO^4$: **Baryt.**

b) mit überschüssiger verd. Schwefelsäure versetzt, filtrirt. Filtrat mit Ammon übersättigt, mit oxalsaurem Ammon versetzt: weisser Nd.: oxalsaurer **Kalk**, unlösl. in Essigsäure, löslich in HCl.

B. Filtrat von A.

in zwei Portionen getheilt:

a) mit Ammon und Natriumphosphat: weisser Nd. von phosphorsaurer Ammoniak-**Magnesia**, löslich in Essigsäure.

b) abgedampft, spectroscop. auf **K** und **Na**.

Zur Prüfung auf **Ammoniak** wird die ursprüngl. Lösg mit Kalkwasser gekocht: ein über die Mündung des Probirglases gehaltenes, angefeuchtetes rothes Lackmuspapier wird bei Anwesenheit von Ammon gebläut. Zugleich Geruch nach Ammon.

Tab. 9.

Analyse der Asche thierischer Gewebe und Flüssigkeiten.

Genaue Aschenanalysen thierischer Gewebe und Flüssigkeiten lassen sich nur anstellen, wenn die Gewebe etc. vor der Veraschung mit heissem Alkohol und Aether erschöpft werden. Diese Extracte sind gesondert zu veraschen und zu untersuchen.

Die extrahirte Masse wird in der Porzellan- oder Platinschale verkohlt. Die Kohle mit heissem Wasser mehrmals ausgezogen (**Wasser-Extract = I**). Der Rückstand ist bis zum Verschwinden der Kohle zu glühen, dann mehrmals mit verdünnter heisser Salzsäure zu extrahiren (**Salzsaures Extract = II.**). Dieser Auszug enthält die „unlöslichen" Aschenbestandtheile. Ein in Wasser und in heisser verdünnter Salzsäure unlöslicher, in heisser Sodalösung löslicher Rückstand deutet auf **Kieselsäure** (Tab. 4).

I. Wasser-Extract = lösliche Aschenbestandtheile.

Reagirt meist alkalisch. Etwas eingedampft, dann in 7 Portionen getheilt.

1. Portion: abgedampft, mit verd. HCl versetzt: Aufbrausen deutet auf **Kohlensäure**. (Diese Probe kann auch nach Zusatz von HCl noch zur Prüfung auf Schwefels. und auf Phosphors. dienen.)
2. Portion: mit HCl + $BaCl^2$ auf **Schwefelsäure** ⎫ nach
3. Portion: mit HNO^3 + $AgNO^3$ auf **Chlorwasserstoffsäure** ⎬ Tab. 4.
4. Portion: mit NH^4Cl + NH^3 + $MgSO^4$ auf **Phosphorsäure** ⎭
5. Portion: mit NH^3 + Oxalsaur. Ammon auf **Kalk** ⎫
6. Portion: mit $PtCl^4$ auf **Kalium** ⎬ nach Tab. 3.
7. Portion: abgedampft, in der Flamme auf **Natrium** ⎭

II. Salzsaures Extract = unlösliche Aschenbestandtheile.
In 5 Portionen getheilt.

1. Portion: mit Ferrocyankalium auf **Eisen** ⎫
2. Portion: mit NH^3 + Oxalsaurem Ammon auf **Kalk** ⎪
3. Portion: mit NH^3 + $MgSO^4$ auf **Phosphorsäure** ⎬ nach
4. Portion: mit NH^3 + Natriumphosphat auf **Magnesia** event. im ⎪ Tab. 4.
   Filtrate von II, 2 ⎪
5. Portion: mit H^2S oder mit NH^3 + $(NH^4)^2S$ auf **Cu, Mn** etc. ⎭

Tab. 10.

Nachweis der Elementarbestandtheile organischer Körper.
(Qualitative Elementaranalyse.)

1. Nachweis von **Kohlenstoff**: als Kohlensäure. Die organische Substanz in einem mit reinem Sauerstoff gefüllten Rohre mit Kupferoxyd gemischt und geglüht. Vorgelegtes Barytwasser wird durch die entstandene Kohlensäure getrübt. (Das Kupferoxyd giebt in der Glühhitze Sauerstoff ab und oxydirt den Kohlenstoff der organischen Substanz).
2. Nachweis von **Wasserstoff**: als Wasser. Die Substanz mit trocknem Kupferoxyd im trocknen Rohre geglüht. Ein vorgelegter Chlorcalciumapparat wird durch das gebildete Wasser schwerer. (Das Kupferoxyd oxydirt den Wasserstoff der organischen Substanz zu Wasser, indem es Sauerstoff an den Wasserstoff abgiebt).
3. Nachweis von **Stickstoff**: a) als Ammoniak. Trockne Substanz mit trocknem gepulvertem Natronkalk im trocknen Probirrohr erhitzt. Das gebildete Ammoniak wird nach Tab. 3, S. 4, nachgewiesen.
b) als Berlinerblau. Trockne Substanz im trocknem Probirrohr mit einem Stückchen metallischem Natrium vorsichtig erhitzt, zuletzt geglüht. Nach dem Erkalten wird das entstandene Cyannatrium in Wasser gelöst. Das Filtrat mit einigen Tropfen gelbgewordenem Eisenchlorid, dann mit Salzsäure versetzt. Das entstandene Berlinerblau deutet auf Stickstoffgehalt der untersuchten Substanz.
4. Nachweis von **Schwefel**: als schwefelsaurer Baryt. Substanz im Silbertiegel mit etwas Soda und Salpeter bis zum Verschwinden der Kohle vorsichtig erhitzt (oxydirt). Die Schmelze nach dem Erkalten in Wasser gelöst, mit Salzsäure angesäuert, mit Bariumchlorid gefällt. (Der Salpeter giebt Sauerstoff ab, oxydirt dadurch den Schwefel zu Schwefelsäure. Diese tritt an das Natrium.)
5. Nachweis von **Phosphor**: als Phosphorsäure. Substanz mit Soda und Salpeter wie bei Schwefel-Nachweis geglüht, nach dem Erkalten in Wasser gelöst, mit Salpetersäure übersättigt, erwärmt, dann mit salpetersaurer Lösung von molybdänsaurem Ammoniak gefällt. Ein sofort oder nach mehreren Stunden entstandener gelber Niederschlag deutet auf Phosphorgehalt der organischen Substanz. (Der Salpeter oxydirt den Phosphor zu Phosphorsäure. Vergleiche Nachweis des Schwefels.)

(Eine **einfache Methode** zum **Nachweis des Sauerstoffes** in organischen Substanzen existirt nicht.)

Tab. 11.
Stoffe, welche im Harne durch einfache Reactionen (direkt) nachweisbar sind.
a) im normalen (frischen) Harne.

Gesucht	Nachweisbar durch:	Bemerkungen.
	1. anorganische Stoffe	
Kohlensäure **Schwefelsäure** **Salzsäure** **Phosphorsäure**	} Tab. 4.	Pflanzenfresser
Kalk **Magnesia**	} Tab. 3.	
Kalium	Harn angesäuert und etwas eingedampft mit Platinchlorid Alkohol und Aether versetzt (Tab. 3) oder durch Spectralanalyse. Aber nur nach dem Eindampfen.	
Ammoniak	Harn mit Mischung von Bleizucker und Bleiessig gefällt. Filtrat in der Kälte mit Kalkmilch im Kolben versetzt, an dessen Stopfen ein Stück angefeuchtetes Curcuma- oder rothes Lakmus-Papier befestigt ist. Eine Bräunung, resp. Bläuung des Reagenspapiers deutet auf Ammon-Gehalt	
	2. organische Stoffe.	
Harnstoff **Harnsäure**	Salpeters. Quecksilberoxyd giebt weiss. Nd. 150 cbc Harn mit 5 cbc conctr. Salzsäure versetzt. Nach 24 Std. befinden sich auf dem Boden des Glases rothbraun gefärbte Crystalle, welche Murexidreaction geben. Murexidreaction: Crystalle auf dem Deckel eines Porzellan-Tiegels mit Tropfen Salpeters. vorsichtig zur Trockne verdampft: gelber oder röthlicher Rückstand, welcher durch einen Tropfen Ammoniak purpurroth, durch einen Tropfen Natronlauge blauviolett wird.	

Tab. 11 (Fortsetzung).

Gesucht	Nachweisbar durch:	Bemerkungen.
Kreatinin	Harn mit wenigen Tropfen einer schwach bräunlich gefärbten Lösung von Nitroprussidnatrium und etwas Natronlauge versetzt. Eine burgunderrothe, schnell verschwindende Färbung beweist Anwesenheit von Kreatinin.	
Phenol (Kresol etc.) Phenylschwefelsaures Salz	Harn (150 cbc) mit verd. Schwefelsäure destillirt. Destillat giebt mit Bromwasser einen bald cryst. werdenden Nd. von Tribromphenol.	Reichlich im Pferdeharn
Indigobildende Substanz = Indoxylschwefels. Salz.	Harn im Reagenzglase mit wenig Tropfen unterchlorigsaurem Natron, dann mit einem der Harnmenge gleichen Volumen conctr. Salzsäure versetzt: eine Blaufärbung, die sich in Chloroform mit blauer Farbe löst, deutet auf indigobildende Substanz.	Constant?

b) Im pathologischen Harne oder nach Einführung von Medicamenten.

1. anorganische Stoffe

Gesucht	Nachweisbar durch:	Bemerkungen.
Jod oder Jodsalz	a) freies Jod: Harn mit Stärkekleister versetzt: blaue Lösung, welche beim Kochen farblos wird;	Nach Jod-Eingabe
	b) gebundenes Jod: Harn mit etwas Stärkekleister, Lösung von salpetrigsaurem Kali und verdünnter Schwefelsäure versetzt: blaue Lösung, welche beim Kochen farblos wird.	,,
Brom-Salz	Meist nur nach Veraschung des Harns unter Zusatz von Soda nachweisbar. Harn mit frischem Chlorwasser, dann mit Chloroform versetzt. Freies Brom färbt Chloroform gelb bis gelbbraun.	Nach Brom Eingabe
Schwefelwasserstoff	Harn mit Natronlauge, dann mit einer Lösung von Nitroprussidnatrium versetzt: blaurothe Färbung deutet auf Schwefelwasserstoff.	

Tab. 11 (Fortsetzung).

Gesucht	Nachweisbar durch:	Bemerkungen.
	2. organische Stoffe	
Eiweiss (**Serumalbumin, Serumglobulin** [**Paraglobulin**])	a) der saure Harn gerinnt beim Kochen, b) Nd. bei Zusatz von Salpetersäure in der Kälte. Nd. beim Kochen unlösl., c) Nd. mit wenig Ferrocyankalium und verd. Essigsäure im Ueberschuss, d) Harn mit gleichem Volum concentr. Kochsalz (Steinsalz)-Lösung u. starker Essigsäure versetzt: weisser Nd., e) Harn dreht links. Nicht eindeutige und bei dunklen Harnen unsichere Reaction.	
Peptone	Harn giebt mit wenigen Tropfen einer sehr verdünnten Lösung von Kupfersulphat und einem Ueberschuss von Natronlauge eine rothblaue Färbung (Biuret-React.). Diese Färbung wird durch die Eigenfärbung des Harns meist verdeckt.	
Trauben(Harn)- Zucker	Der event. von Eiweiss nach Tab. 12 befreite Harn zeigt: a) Rechtsdrehung (event. durch Kochen mit Thierkohle zu entfärben), b) Harn giebt mit wenig verd. Kupfersulphatlösung und Natronlauge gekocht eine Ausscheidung von gelbrothem Kupferoxydul (Reduction).	Diabetes
Gallenfarbstoff	1. Der beim Schütteln des Harns entstandene Schaum ist gelblich gefärbt. 2. Harn im Probirglase mit ein wenig braungefärbter, starker Salpetersäure ohne Umschütteln versetzt. An der Berührungsschicht der Flüssigkeit auftretende Farbenringe (grün, blau, violett, roth), unter denen der grüne Ring deutlich sein muss, deuten auf Gallenfarbstoff.	Icterus
Gallensäuren	In den mit etwas Rohrzucker versetzten Harn wird ein Stück Filtrirpapier getaucht. Nachdem dies getrocknet ist, bringt man auf das Papier einen Tropfen conctr. Schwefelsäure. Eine besonders im durchfallenden Lichte deutliche violette Färbung beweist Anwesenheit von Gallensäuren. (React. gelingt nicht immer).	Gmelins Reaction

Gesucht	Nachweisbar durch:	Bemerkungen.
Carbolsäure	Vergl. oben Phenol etc.	
Salicylsäure	Harn mit möglichst neutraler Lösung von Eisenchlorid versetzt: Blaufärbung (meist durch Harnfarbe verdeckt) deutet auf Salicylsäure. (Nur bei starkem Gehalt an Salicylsäure brauchbar). Kleinere Mengen werden aufgefunden, indem man den Harn mit Salzsäure ansäuert, mit Aether ausschüttelt, den Rückstand des ätherischen Extractes mit Wasser aufnimmt und dann mit Eisenchlorid prüft.	Nach Eingabe
Blutfarbstoff	a) Oxyhaemoglobin vergl. Tab **21** b) Methaemoglobin Spectralanalyse.	

Tab. 12.

Darstellung der wichtigsten organischen Harnbestandtheile.

Enthält der Harn Eiweiss, (Tab. 11, Seite 18) so wird derselbe mit ein paar Tropfen verd. Essigsäure versetzt und nach dem Kochen filtrirt.

a) **Harnsäure:** vergl. Tab. 11, S. 16.

b) **Harnstoff:** 250 cbc Harn im Wasserbade bis zum Syrup verdampft, mit 100 cbc Alkohol extrahirt. Das verdampfte alkohol. Extract wird mit starker, von salpetriger Säure freier Salpeters. versetzt. Nd. von **Harnstoffnitrat** (charakterist. Crystalle). Diese Harnstoffverbindung kann mit Filtrirpapier abgepresst, in Wasser vertheilt und dann mit kohlensaurem Baryt zerlegt werden. Es bildet sich Nd. von salpeters. Baryt. Harnstoff in Lösung. Reactionen dieser Lösung:

α) mit salpeters. Quecksilberoxyd: weisser Nd.

β) mit unterbromigsaurem Natron: Entwicklung von Stickstoff. (Unterbromigsaures Natron bereitet man jedesmal frisch, indem man zu einer verdünnten Natronlauge so lange verdünntes Bromwasser tropfenweis hinzufügt, bis die Lösung bleibend bräunlich erscheint).

c) **Kreatinin:** 200 cbc Harn zur Fällung der Phosphorsäure mit Kalkmilch und Chlorcalciumlösung so lange versetzt, bis letzteres Reagens keinen Nd. mehr giebt. Nach einiger Zeit filtrirt. Filtrat auf dem Wasser-

Tab. 12 (Fortsetzung).

bade bis zum Syrup verdampft. Mit 50 cbc Alkohol versetzt und tüchtig gerührt. Nach vollständigem Absitzen filtrirt. Filtrat bis auf 10 cbc verdampft. Nach dem Erkalten mit einigen Tropfen einer säurefreien alkoholischen Lösung von Chlorzink versetzt. Die in der Kälte aufbewahrte Lösung lässt nach einigen Tagen Crystalle (microscopische Untersuchung!) von Chlorzink-Kreatinin fallen, welche in heissem Wasser gelöst nach dem Erkalten die Kreatinin-Reaction von Tab. 11, S. 17, geben.

d) **Hippursäure**: 200 cbc Pferdeharn auf dem Wasserbade zum Syrup verdampft, nach dem Erkalten mit starker Salzsäure versetzt. Die ausgeschiedenen Crystalle bestehen aus Hippursäure. Die Säure wird beim Kochen mit Salzsäure in Benzoesäure und Glycocoll gespalten.

Tab. 13.

Sedimente und Concremente des Harns.

Sedimente verschafft man sich zur chem. Untersuchung, indem man den betreffenden Harn im Spitzglase möglichst bei niederer Temperatur (im Keller) absitzen lässt, dann den grössten Theil der Flüssigkeit vom Sedimente abgiesst, den Rest filtrirt.

Concremente müssen für die chem. Untersuchung fein gepulvert werden, da sie aus mehreren, verschieden zusammengesetzten Schichten zu bestehen pflegen. — Sedimente und Concremente enthalten häufig **organisirte** Bestandtheile wie Epithelien, Harncylinder, Blutkörperchen, Pilze etc. Dieselben werden durch microscopische Untersuchung ermittelt.

Sedimente

im sauren Harne:	im alkalischen Harne:
1. Harnsäure (Crystalle, welche Murexidprobe [Tab. 11] geben).	1. Calciumcarbonat, kuglig-körnige Crystalle.
2. Harnsaure Salze (Urate) in heissem Wasser löslich.	2. Phosphors. Ammoniak Magnesia (Tripelphosphat) Sargdeckel.
3 ? Oxalsaurer Kalk, Cryst. in Briefcouvertform.	3. Oxalsaurer Kalk, Cryst. in Briefcouvertform.
4. Cystin, sehr selten, Cryst.: sechsseitige oder rhombische Tafeln.	4. Phosphorsaurer Kalk.

Tab. 13 (Fortsetzung).

Die **Bestandtheile der Sedimente und Concremente** werden nach folgendem gemeinsamen Schema ermittelt:

Eine geringe Menge fein gepulverter Substanz auf Platinblech erhitzt:
- keine Schwärzung = keine organische Substanz (Tab. 1).
- Schwärzung, bei starkem Erhitzen kein Rückstand = organische Substanz: s. **A**.
- Schwärzung und bei starkem Erhitzen fester Rückstand = anorganische und organische Substanz: s. **B**.

A. 1. Eine kleine Menge Substanz auf dem Deckel eines Porzellantiegels mit etwas Salpetersäure vorsichtig abgedampft:

α) citrongelbe Färbung, mit Natronlauge: röthlich, beim Erhitzen purpurroth: **Xanthin** (sehr selten).

β) rothgelbe Färbung, nach dem Erkalten auf Zusatz von Ammon purpurroth, auf Zusatz von Natronlauge: blauviolett (Murexidprobe): **Harnsäure.**

2. Kleine Menge Substanz mit wenig Natronlauge erwärmt: es entweichen Dämpfe, welche angefeuchtetes rothes Lakmuspapier bläuen: Ammoniak (Sediment oder Concrement enthielt **harnsaures Ammoniak**).

B. Grössere Menge Substanz mit Wasser gekocht, warm filtrirt:

α) **Lösung:**
Urate, Ammon, Kalium, Natrium, Schwefelsäure, Phosphorsäure

mit Salzsäure versetzt. Nach einigen Stunden Nd.: **Harnsäure.**

Nachweisbar durch:
1. Crystallform.
2. Murexidprobe (s. o.).

β) **Rückstand:**
Kohlensäure, Kalk, Magnesia, Phosphorsäure, Ammon

in Salzsäure gelöst
×: Es erfolgt Aufbrausen: **Kohlensäure.**
××: Kein Aufbrausen: Lösg. etwas eingedampft und in vier Theile zertheilt:
1. auf **Kalk**
2. auf **Magnesia** } s. Tab. 3.
3. auf **Ammoniak**
4. auf **Phosphorsäure**, s. Tab. 4.

Tab. 14.

Analyse der Milch.

Man messe zwei Portionen einer frischen, nicht gekochten Milch zu je 25 cbc ab:

1. Portion: zum Nachweis von **Caseïn, Fett** (Butter), **Milchalbumin, Milchzucker, Salzen.**

25 cbc Milch mit 500 cbc Wasser verdünnt, mit ein paar Tropfen sehr verd. Essigsäure versetzt, 5. Min. Kohlensäure eingeleitet.

a) weisser, flockiger **Nd.** = **Caseïn** + **Fett** (Butter), löslich in verdünnter Sodalösung. Dem Nd. wird durch Alkohol + Aether das Milchfett (siehe 2. Portion) entzogen.

b) **Filtrat** = **Molken** (Milchserum) = **Albumin+Milchzucker+Salze.**

Filtrat gekocht:

× Nd.: **Milchalbumin** (das nicht gekochte Filtrat giebt Eiweissreactionen [Tab. **11**, S. 18]).

×× Filtrat:
  α) mit Natronlauge und verd. Lösung von Kupfersulphat beim Kochen, rothgelber Nd. v. Kupferoxydul (Reduction) **Milchzucker.**

  β) Das eingedampfte, dann veraschte Filtrat ×× enthält die **anorgan. Salze** der Milch, welche nach Tab. **9** untersucht werden.

2. Portion: **Fette** der Milch.

25 cbc Milch im Stöpselglase mit etwas Natronlauge und circa 50 cbc Aether geschüttelt. Der Aether enthält die Milchfette. Der Aetherrückstand giebt einen Fettfleck auf Papier.

Analyse des Blutes. *Tab. 15.*

3 Vol. aus der Ader fliessendes Blut unter stetem Umrühren in 1 Vol. gesättigter Lösung von schwefelsaurem Natron aufgefangen wird zerlegt in:

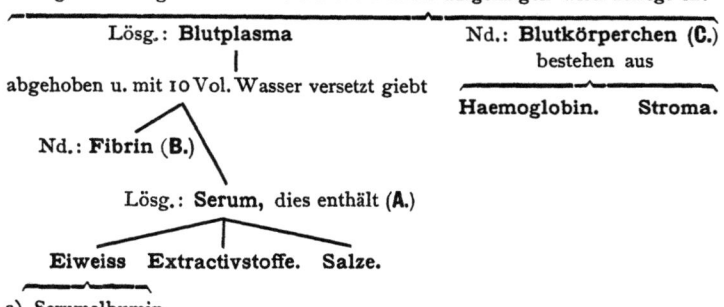

a) Serumalbumin.
b) Serumglobulin.

A. Analyse des Blutserums. Das Serum giebt die allgemeinen Eiweissreactionen (Tab. 11, S. 18).

Man messe zwei Portionen zu je 15 cbc Serum ab.

1. Portion: mit circa 30 cbc Wasser verdünnt, mit Magnesiumsulphat in Substanz bis zur Sättigung der Flüssigkeit versetzt:

Nd.: **Serumglobulin** (= Paraglobulin), weiss, flockig, in etwa 10% NaCl-Lösung gelöst: coagulirt bei circa 75°.	Lösg.: **Serumalbumin**: coagulirt bei circa 70—73°.

2. Portion: 15 cbc Serum auf dem Wasserbade eingedampft, mit circa 80 cbc starkem Alkohol extrahirt:

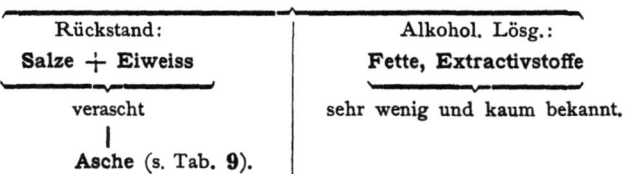

Anmerkung: Wenn es nicht darauf ankommt das Blut in Plasma und Körperchen zu zerlegen, kann man das Serum von defibrinirtem oder freiwillig geronnenem Blut nach **A.** 1. u. 2. untersuchen. Man hat dann den Vortheil in der Blutasche auf Magnesia und Schwefelsäure prüfen zu können.

Tab. 15 (Fortsetzung).

B. Eigenschaften des Fibrins. Dasselbe lässt sich durch andauerndes Waschen mit viel Wasser als ein weisses, flockiges oder fadenförmiges Gerinsel abscheiden. Es quillt in verdünnten Säuren und Alkalien auf und wird durch Pepsin und Salzsäure in Pepton verwandelt (Tab. **11**, S. 18).

C. Analyse der Blutkörperchen. Die wie oben angegeben erhaltenen Blutkörperchen werden mit 3% NaCl-Lösung mehrmals gewaschen. Nachdem sie sich von neuem gesenkt haben, wird die über ihnen stehende Flüssigkeit abgegossen. Die rückständigen Blutkörperchen geben an Wasser **Oxyhaemoglobin** ab, welches spectroscopisch erkannt wird (Tab. **21**). Aus der wässrigen Lösung lässt sich der **Blutfarbstoff in Crystallen** gewinnen.

Tab. 16.

Analyse der Muskeln.

400 gr Muskeln eines durch Verbluten getödteten Thieres werden fein zerhackt und in 3 Portionen getheilt.

1. Portion: 250 gr Muskeln mit dem dreifachen Gewicht Wassers unter Umrühren bei niederer Temperatur (im Keller) 3—4 Std. lang extrahirt. Dies Extract enthält:
    A: **Eiweissstoffe**, Tab. **11**.
    B: **Extractivstoffe**, z. B. Kreatin.

2. Portion: 100 gr Mukeln mit 150 cbc einer 6% NaCl-Lösung bei niederer Temperatur (im Keller) unter Umrühren 3 Std. extrahirt. Die schleimige Masse wird mit·der gleichen Kochsalzlösung so lange versetzt, bis sie filtrirbar wird. Die Lösung enthält das **Myosin**.

Reactionen des Myosins in Kochsalz-Lösung:
   1. Die Lösung coagulirt bei 55—60°.
   2. Die Lösung wird durch das 20-fache Volumen Wasser flockig gefällt. Der frisch gefällte Nd. löst sich in Kochsalzlösung von 10 %.
   3. Die Lösung (event. neutralisirt) giebt mit gepulvertem Kochsalz bis zur Sättigung versetzt einen flockigen Nd., welcher sich auf Zusatz von etwas Wasser löst.

3. Portion: 50 gr Muskeln mit 100 cbc einer sehr verd. Salzsäure (4 cbc rauchende Salzsäure auf 1 l Wasser) versetzt und wie in Portion 2 und 3 extrahirt. Die verdünnte, dann filtrirte Masse enthält die Eiweisskörper des Muskels als **Syntonin**.

Tab. 17.

Analyse der Galle.

1. Portion. Der grösste Theil einer Rinds-Galle wird im Wasserbade zur Trockne verdampft, dann mit warmem absolutem Alkohol, ferner mit Aether extrahirt. Das Alkohol-Extract wird etwas eingedampft, nach dem Erkalten mit dem Aether-Extract übergossen. Man trennt so die Galle in ein alkoholisch-ätherisches Extract (**A.**), den durch Aether im alkohol. Extracte nach einigen Tagen entstehenden Nd. (**B.**) und den weder von Alkohol noch von Aether gelösten Rückstand (**C.**).

Ist durch Aether im alkohol. Extracte nach ein paar Tagen ein Nd. entstanden, so giesst man von dem Nd. ab, behandelt die Flüssigkeit nach **A.**, den Nd. nach **B.**

A. Alkoholisch-ätherisches Extract auf dem Wasserbade auf ein kleines Volumen abgedampft giebt beim Erkalten:

1. Nd.: weisse perlmutterglänzende Crystalle: **Cholestearin**. Eine Probe der Crystalle wird im Mörser mit conctr. Schwefelsäure zerrieben, dann mit Chloroform versetzt. Man erhält eine rothe bis violette Lösung, welche allmählich farblos wird. Vergl. auch Tab. **18**.

2. Lösung: enthält Lecithin und Fette.

B. Niederschlag durch Aether im Alkohol-Extracte: **Gallensaure Salze**. In Wasser gelöst, unter Zusatz von etwas Rohrzucker eingedampft. Rückstand tropfenweis mit conctr. Schwefelsäure unter Umrühren versetzt: Kirschrothe, dann purpurrothe Lösung = Pettenkofers Probe.

C. Rückstand getrocknet, dann verascht: **Asche + Mucin** (s. u.) nach Tab. **9** untersucht.

2. Portion: Etwas Galle mit 30 cbc Chloroform geschüttelt. Die Chloroform-Lösung hinterlässt bisweilen beim Verdampfen crystallinisches **Bilirubin** (mit Cholestearin gemengt). Vergl. die Reaction auf Gallenfarbstoff Tab. **11**, S. 18.

3. Portion: Etwas Galle mit grossem Ueberschlag von Essigsäure versetzt. Der zähe amorphe Nd. besteht aus **Mucin**, welches durch Filtration getrennt wird und beim Kochen mit verd. Schwefelsäure ein Zersetzungsprodukt giebt, das Kupfer in alkal. Lös. reducirt. (Kein Zucker!)

Tab. 18.

Analyse der Gallenconcremente (Gallensteine, Gallengries).

Zur chem. Untersuchung müssen die Concremente im Mörser gepulvert werden, da sie häufig aus verschieden zusammengesetzten Schichten bestehen.

Pulver (zur Entfernung der Galle) mit Wasser ausgekocht mit einer Mischung von Alkohol und Aether extrahirt.

A. Lösung: verdampft. Im Rückstand: **Cholestearin**, das durch die Reaction mit Jod und Schwefelsäure und nach Tab. 17 erkannt wird.

B. Rückstand mit HCl versetzt (Aufbrausen bei Anwesenheit von CO_2) und mit Wasser ausgewaschen, in Chloroform gelöst:

α) Salzsaure Lösung enthält bisweilen **Kupfer**. Dieses sowie **Fe, Ca, Mg, H_3PO_4** werden nach Tab. 3, 4 und 9 gefunden.

β) Chloroform - Lösung verdampft. Rückstand in Alkali gelöst Nach Tab. 11 auf **Gallenfarbstoff (Bilirubin)** geprüft.

Tab. 19.

Analyse der Transsudate.

1. Portion: Einige cbc der Flüssigkeit mit Essigsäure und Ferrocyankalium **in der Kälte** versetzt: weisser, flockiger Nd.: **Eiweiss**.

2. Portion (zur Bestätigung von 1): Einige cbc Flüssigkeit mit Essigsäure angesäuert und gekocht: das **Eiweiss** coagulirt.

3. Portion: 30 cbc Flüssigkeit mit gleichem Volum dest. Wassers, dann mit schwefelsaurer Magnesia bis zur Sättigung versetzt: ein weisser flockiger Nd., der sich, eben entstanden, wieder in etwa 6—8% NaCl-Lösg. löst, deutet auf **Globulin-Substanz** (Serumglobulin [Paraglobulin] oder Fibrinogen) vergl. Portion No. 7.

4. Portion: Filtrat von No. 3 nach No. 1 und 2 untersucht: Nd. besteht aus **Serumalbumin**.

5. Portion: (Bestätigung von No. 3): 10 cbc Flüssigkeit mit 200 cbc dest. Wassers + sehr verd. Essigsäure + CO_2: weisser Nd. = **Globulin-Substanz**.

Tab. 19 (Fortsetzung).

6. Portion: Untersuchung auf **Blutfarbstoff** durch das Spectroscop (Tab. **21**).

7. Portion: Gerinnt die Flüssigkeit im Laufe eines Tages, so muss sie enthalten 1) **Blut** 2) **Fibrinogen** 3) wahrscheinlich **Serumglobulin**. Vergl. oben Portion No. 3.

8. Portion: Gerinnt die Flüssigkeit nach Zusatz von ein paar Tropfen frisch geronnenen Blutes, das durch Pressen von Fibrin befreit wurde, so enthielt die ursprüngl. Flüssigkeit **Fibrinogen**.

9. Portion: Man vermische die ursprüngl. Flüssigkeit mit einer Hydrocele- oder Pericardial-Flüssigkeit. Entsteht hierdurch Gerinnung, so enthielt die ursprüngliche Flüssigkeit **Serumglobulin** (Paraglobulin). (?)

10. Portion; Man versetze 10 cbc Flüssigkeit mit einem **Ueberschuss** von starker Essigsäure. Der flockige Nd. besteht aus **Mucin**. Es wird abfiltrirt, mit verd. Schwefelsäure gekocht. Die erhaltene Flüssigkeit reducirt alkalische Kupferlösung. (Kein Zucker!)

11. Portion: 20 cbc Flüssigkeit mit 60 cbc Alkohol versetzt. Der entstandene Nd. löst sich in Wasser allmälig zu einer fadenziehenden Flüssigkeit. Die untersuchte Flüssigkeit enthielt **Paralbumin**.

12. Portion: Eine grössere Menge Flüssigkeit wird durch Zusatz verd. Essigsäure und Kochen enteiweisst. Im Filtrat kann man nach Tab. 11 S. 18 auf **Zucker** prüfen.

Tab. 20.

Analyse des Trinkwassers.

1. **Klarheit und Färbung.** Das zu prüfende Wasser wird in einem circa 60 cm langen und 25 mm weitem Cylinder von farblosem Glase mit reinem destillirtem Wasser, das sich in einem ähnlichen Cylinder befindet, auf Klarheit und Färbung verglichen, indem man von oben durch die ganze Länge des Cylinders blickt. Gutes Trinkwasser muss klar und farblos sein. Gefärbte Wässer sind meist durch organische Substanzen (s. u. 3) verunreinigt. — Trübe Wässer (durch suspendirte organ. Substanzen) sind verdächtig.

2. **Geruch:** Bisweilen bemerkt man einen eigenthümlichen Geruch des Wassers, wenn man dieses mit oder ohne Zusatz von Natronlauge auf 40^0 erwärmt. Riecht ein Wasser nach Schwefelwasserstoff (s. u. 10), so

Tab. 20 (Fortsetzung).

setzt man zur Bindung des Schwefelwasserstoffs etwas Kupfersulphat zu und prüft dann noch einmal. Gutes Trinkwasser muss geruchlos sein.

3. **Organische Substanzen:**

a) 250 cbc Wasser werden in einer Platinschale auf dem Wasserbade verdampft. Der Rückstand wird bei 110° völlig getrocknet, dann geglüht. Schwärzt er sich hierbei, event. unter Auftreten eines Geruches nach verbranntem Horn (Haaren, Federn und dergl.), so enthält das Wasser organische Substanzen. —

b) 150 cbc Wasser werden unter Zusatz von etwas verd. Schwefelsäure gekocht, dann mit einigen Tropfen einer sehr verd. Lösung von übermangansaurem Kali (Chamaeleon) versetzt. Verschwindet die anfangs rothe Farbe nach kurzer Zeit, so enthält das Wasser organische Substanzen.

4. **Kohlensäure:** Das Wasser wird in einer mit Glasstöpsel luftdicht verschliessbaren Flasche mit filtrirtem Kalkwasser, bis in der Flasche nur wenige Luftblasen zurückbleiben, versetzt und umgeschüttelt. Ein weisser Nd. (kohlens. Baryt), welcher sich sogleich oder nach einiger Zeit bildet, nach einigen Stunden crystallinisch wird und in Salzsäure unter Aufbrausen löslich ist, beweist Anwesenheit von CO^2.

5. **Salzsäure:** vergl. Tab. 4. Im Wasser ist das Chlor meist an Natrium gebunden.

6. **Schwefelsäure:** vergl. Tab. 4.

7. **Phosphorsäure:** 400 cbc Wasser werden gekocht. Der erhaltene Nd. wird filtrirt und in Salzsäure gelöst. Die salzsaure Lösung wird zur Trockne verdampft, kurze Zeit auf 110° erhitzt, dann von neuem in verd. Salzsäure gelöst. Diese Lösung giebt mit einer schwach erwärmten salpeters. Lösung von Ammoniummolybdat sogleich oder nach einigem Stehen einen gelben Nd., welcher sich in Ammoniak löst, wenn das Wasser Phosphorsäure (meist sehr geringe Mengen) enthielt.

8. **Salpetrige Säure:** 100 cbc Wasser werden mit einigen Tropfen reiner conctr. Schwefelsäure und Zinkjodstärke versetzt. Eine auftretende Bläuung (Jodstärke, entstanden durch Einwirkung des durch die salpetrige Säure in Freiheit gesetzten Jods auf Stärke), welche beim Erwärmen verschwindet, deutet auf salpetrige Säure.

9. **Salpetersäure.**

a) Einige cbc Wasser werden in einer kleinen Porcellanschale abgedampft, dann mit einigen Tropfen salpetersäurefreier Schwefel-

säure versetzt. Bringt man in diese Lösung ein klein wenig Brucin, so erhält man bei Anwesenheit von Salpetersäure eine rosagefärbte Flüssigkeit.
b) 20 cbc Wasser werden mit 40 cbc conctr. reiner (d. h. von Salpetersäure freier) Schwefelsäure versetzt. Der heissen Lösung fügt man sofort einige Tropfen einer sehr verdünnten Indigolösung zu. Wird die anfangs blaue Lösung entfärbt, so enthielt das Wasser Salpetersäure.

10. **Schwefelwasserstoff.**
1. Derselbe ist **frei** im Wasser
a) durch den Geruch,
b) durch Bräunung eines mit alkalischer Bleilösung getränkten Fliesspapieres, wenn dieses über das in einem Kolben kochende Wasser gehalten wird,
c) das Wasser wird mit etwas Natronlauge, dann mit einigen Tropfen einer schwach braun gefärbten Lösung von Nitroprussidnatrium versetzt. Das Wasser färbt sich rothviolett, wenn es Schwefelwasserstoff enthält,
d) wie unten 2 b.
2. Derselbe ist **gebunden**:
a) Das Wasser giebt mit Nitroprussidnatrium ohne Zusatz von Natronlauge die rothviolette Färbung.
b) Das Wasser (ca. 300 cbc) wird in einem verschliessbaren Gefässe mit etwas Natronlauge und Sodalösung versetzt. Hat sich ein entstandener Nd. abgesetzt, so überträgt man die klare Flüssigkeit mittelst Heber in einen engen Cylinder und fügt der klaren Flüssigkeit einige cbc alkalischer Bleilösung zu. Eine Bräunung oder Schwärzung (von Schwefelblei) deutet auf Schwefelwasserstoff. Eine alkalische Bleilösung bereitet man sich jedesmal frisch, indem man eine Lösung von essigsaurem Blei so lange mit Natronlauge versetzt, bis sich der zuerst entstandene Nd. wieder auflöst.

11. **Ammoniak.** Man versetze 150—200 cbc Wasser in einem verschliessbaren Gefässe mit 1 cbc Natronlauge und 1 cbc Sodalösung. Nachdem sich ein hierdurch entstandener Nd. vollständig abgesetzt hat, wird die klare Flüssigkeit abgehoben (nicht filtrirt) und in einem engen Cylinder von farblosem Glase mit 1 cbc Nessler's Reagens versetzt. Eine nach dem Umschütteln auftretende Gelb- oder Rothfärbung deutet auf Ammoniak-

Tab. 20 (Fortsetzung)

gehalt des Wassers. Man thut gut dieselbe Operation mit destillirtem Wasser auszuführen und die beiden Proben miteinander zu vergleichen. Die Färbung nimmt man am besten wahr, wenn man von oben durch die ganze Flüssigkeitsschicht auf ein weisses Papier sieht, auf welchem der Cylinder steht.

12. **Kalk.** 50 cbc Wasser werden mit Ammoniak übersättigt, dann mit Ammoniumoxalat versetzt, der entstandene Nd. (Tab. 3) deutet auf Kalk. Erwärmen beschleunigt das Absitzen des Nd.

13. **Magnesia.** Das Filtrat von 12, welches mit oxals. Ammon. keinen Nd. mehr geben darf, wird mit Ammoniak und phosphorsaurem Natrium nach Tab. 3 S. 4 auf Magnesia geprüft.

14. **Eisen:**
   a) **Eisenoxydul** (im Wasser meist als Carbonat oder als Eisenvitriol). 500 cbc Wasser werden auf 50 cbc eingedampft und mit verdünnter Salzsäure bis zur Lösung des entstandenen Nd. versetzt. Die erhaltene Lösung wird in 3 Theile getheilt:
   α) mit Rhodankalium: keine Rothfärbung;
   β) mit Ferrocyankalium (gelbes Blutlaugensalz): hellblaue Fällung (Turnbull's Blau) oder blaugrüne Färbung;
   γ) mit einigen Körnchen von chlorsaurem Kalium, dann mit gelbem Blutlaugensalz: Nd. von Berlinerblau. — Chlorsaures Kalium in salzsaurer Lösung oxydirt Eisenoxydul zu Oxyd.
   b) **Eisenoxyd** (selten im Wasser). 500 cbc Wasser werden genau wie oben unter a) behandelt. Die erhaltene Lösung in 2 Theile getheilt:
   α) mit gelbem Blutlaugensalz: Berliner Blau;
   β) mit Rhodankalium: Rothfärbung durch Rhodaneisen, welches in Aether löslich ist.

15. **Blei.** 250 cbc Wasser werden mit starkem Schwefelwasserstoffwasser versetzt. Eine entstandene bräunliche oder schwärzliche Trübung (Schwefelblei) deutet auf Anwesenheit von Blei. Hat sich eine Trübung gebildet, so wird die Flüssigkeit erwärmt. Nachdem sich der Nd. zusammengesetzt hat, wird er von der Flüssigkeit getrennt, in heisser Salpetersäure gelöst, mit destillirtem Wasser verdünnt und mit Schwefelsäure als weisses schwefelsaures Blei gefällt. Letzteres wird durch Schwefelwasserstoff geschwärzt (Schwefelblei).

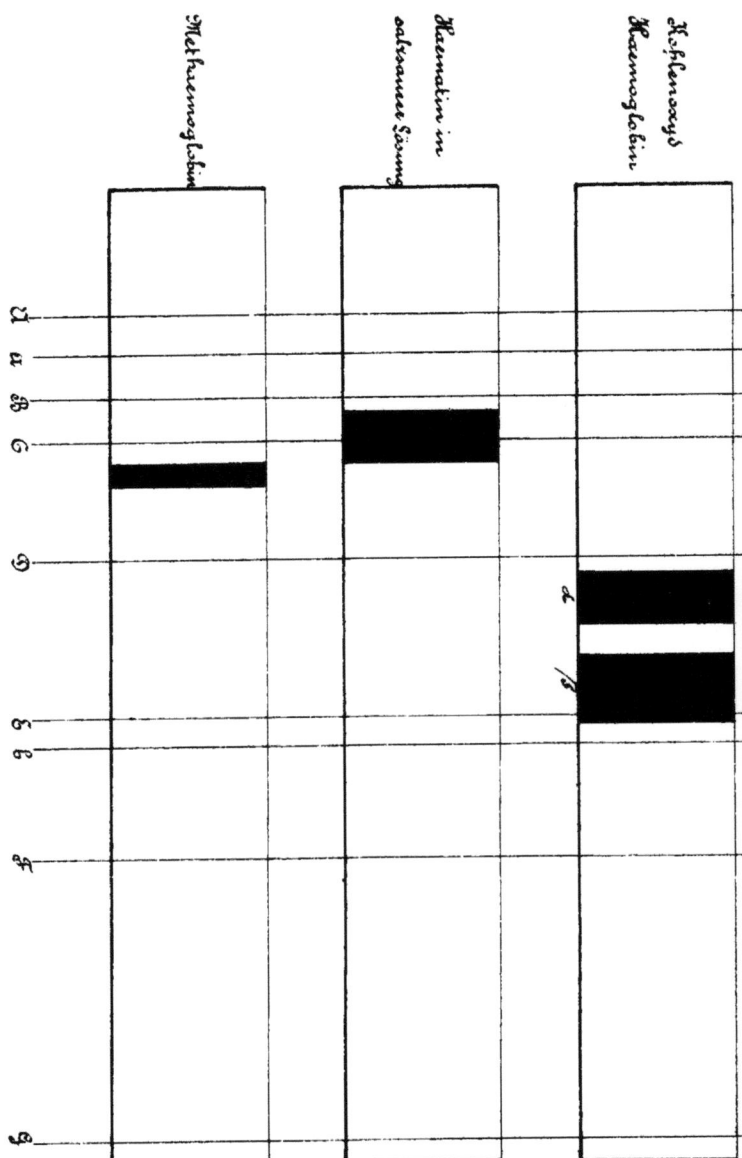

Lage der Absorptionsbänder
des Bluthfarbstoffs und seiner wichtigsten Derivate.

TAB. 21.

Sauerstoff (Oxy-)
Hämoglobin

Reducirtes

VERLAG VON JULIUS SPRINGER IN BERLIN N.

Die Pflanzenstoffe

in

chemischer, physiologischer, pharmakologischer und toxikologischer Hinsicht.

Für Aerzte, Apotheker, Chemiker und Pharmakologen

bearbeitet von

Dr. Aug. Husemann, **Dr. A. Hilger,**
weil. Prof. der Chemie an der Kantonschule in Chur,   o. ö. Professor an der Universität Erlangen

und

Dr. Theod. Husemann,
Professor der Medicin an der Universität Göttingen.

Zweite völlig umgearbeitete Auflage.

In zwei Bänden.

Erste Lieferung (Bd. I. Bog. 1—20). — Preis **6 Mk.**

Das Werk erscheint in 4 Lieferungen vollständig bis Mitte 1882.

Die Löthrohranalyse.

ANLEITUNG

zu qualitativen chemischen Untersuchungen auf trockenem Wege.

Mit freier Benutzung von

William Elderhorst's Manual of qualitative blowpipe analysis

bearbeitet von

J. LANDAUER.

Mit in den Text eingedruckten Holzschnitten. — Zweite vermehrte Auflage.

Preis **4 Mk.**

Sammlung aller wichtigen Tabellen, Zahlen und Formeln

für Chemiker.

Von Dr. **ROB. HOFFMANN.**

Nach den neuesten Fortschritten der Chemie zusammengestellt von

Dr. CARL SCHADLER,

vereideter gerichtlicher chemischer Sachverständiger zu Berlin.

Zweite vermehrte und verbesserte Auflage. — Preis geb. **7 Mk. 60 Pf.**

Zu beziehen durch jede Buchhandlung.

MIX
Papier aus verantwortungsvollen Quellen
Paper from responsible sources
FSC® C105338

If you have any concerns about our products,
you can contact us on
ProductSafety@springernature.com

In case Publisher is established outside the EU,
the EU authorized representative is:
**Springer Nature Customer Service Center GmbH
Europaplatz 3, 69115 Heidelberg, Germany**

Printed by Libri Plureos GmbH
in Hamburg, Germany